கடிகாரம் உருவான வரலாறு

வி.எஸ்.ரோமா

Copyright © V. S. Roma
All Rights Reserved.

ISBN 978-1-63940-117-8

This book has been published with all efforts taken to make the material error-free after the consent of the author. However, the author and the publisher do not assume and hereby disclaim any liability to any party for any loss, damage, or disruption caused by errors or omissions, whether such errors or omissions result from negligence, accident, or any other cause.

While every effort has been made to avoid any mistake or omission, this publication is being sold on the condition and understanding that neither the author nor the publishers or printers would be liable in any manner to any person by reason of any mistake or omission in this publication or for any action taken or omitted to be taken or advice rendered or accepted on the basis of this work. For any defect in printing or binding the publishers will be liable only to replace the defective copy by another copy of this work then available.

பொருளடக்கம்

முன்னுரை	v
1. கடிகாரம் வரலாறு	1
நான்	9

முன்னுரை

கி.பி. 1656 ஆம் ஆண்டு டச்சு நாட்டுத் தொழில்நுட்ப வல்லுநர் ஹியூஜன்ஸ் என்பவர் ஊசல்கடிகாரத்தைஉருவாக்கினார். பத்தொன்பதாம் நூற்றாண்டின் தொடக்கம் வரை ஊசல் கடிகாரமே பயன்பாட்டில் இருந்தது. 1927 ல் கனடாவின் வாரன் மோரிசன் என்பவரால் உருவாக்கப்பட்ட கண்ணாடியால் ஆனகடிகாரம்மிகுந்த வரவேற்பைப் பெற்றது.

பண்டைய காலத்தில் நேரத்தை அறிந்து கொள்ள சூரிய ஒளியினை அடிப்படையாகக் கொண்ட கடிகாரம் பயன்படுத்தப்பட்டு வந்தது.

சுமேரியர்களே முதன்முதலாக நேரத்தை அளவிட முயன்றதாகவும், இதில் முன்னோடிகளாக விளங்கியவர்கள் அவர்களே என்றும் கருதப்படுகிறது. சுமேரிய நாகரிகமே ஓர் ஆண்டை மாதங்களாகவும், மாதத்தை நாட்களாகவும், ஒரு நாளைப் பல கூறுகளாகவும் பிரித்தது என்று கூறப்படுகிறது. காலப்போக்கில் சூரியன் நகர்வதைப் பின்பற்றி 24 பெரிய கம்பங்களை வட்டப்பாதையில் நிறுவி ஒளியும் நிழலும் அவற்றின் மீது விழுவதன் அடிப்படையில் எகிப்தியர்கள் நேரத்தை அளவிட்டனர். இரவில் மணலினை சிறு ஓட்டையில் வடித்தும் காலத்தை அளந்தனர். கிரேக்க நாட்டில் ஒரு சாதனத்தில் இருந்து தண்ணீர் ஒவ்வொரு துளியாக, கல் பாத்திரம் ஒன்றில் விழுமாறு அமைக்கப்பட்டு, திரட்டப்பட்ட தண்ணீரின் அளவை அடிப்படையாகக் கொண்டு நேரம் அளவிடப்பட்டது.

இந்த முறை கி.மு. மூன்றாம் நூற்றாண்டில் புழக்கத்தில் இருந்தது. இந்தியா மற்றும் சீனாவிலும் இத்தகைய கடிகாரங்கள் பயன்பாட்டில் இருந்தன. பின்னர் கி.பி. எட்டாம் நூற்றாண்டில் நவீன நீர் கடிகாரங்களை சீனர்கள் உருவாக்கினர். கி.பி. 1656 ஆம் ஆண்டு டச்சு நாட்டுத் தொழில்நுட்ப வல்லுநர் ஹியூஜன்ஸ் என்பவர் ஊசல் கடிகாரத்தை உருவாக்கினார். பத்தொன்பதாம் நூற்றாண்டின் தொடக்கம்

வரை ஊசல் கடிகாரமே பயன்பாட்டில் இருந்தது. 1927 ல் கனடாவின் வாரன் மோரிசன் என்பவரால் உருவாக்கப்பட்ட கண்ணாடியால் ஆன கடிகாரம் மிகுந்த வரவேற்பைப் பெற்றது. தற்போது நாம் பரவலாக பயன்படுத்தி வரும் கடிகாரத்தின் மூலம் இந்த கடிகாரம் தான்.

1
கடிகாரம் வரலாறு

நேரத்தை அறிவதற்கான கருவியே கடிகாரம். கடிகாரத்திற்கு மணிக்கூடு என்றொரு பெயரும் உண்டு. கையின் மணிக்கட்டில் கட்டப்படுவதால் கைக்கடிகாரம் என்று அழைப்பர். கடிகாரத்தின் கதை மிகவும் பெரியது, சுவாரசியமானதும் கூட. நாகரிக முதிர்ச்சியின் ஒரு கட்டமாக நேரத்தை அளவிடும் முறை மனிதனால் கண்டுபிடிக்கப்பட்டது.

14ஆம் நூற்றாண்டில்தான் கடிகாரம் (clock) என்ற வார்த்தை உபயோகத்திற்கு வந்தது. இது "க்ளோக்கா" என்ற லத்தீன் மொழியிலிருந்து எடுக்கப்பட்ட சொல்லாகும்.

மிகவும் பழங்காலத்தில் சூரியன் விழும் இயக்கத்தையும், அதன் விளைவாக நிகழும் நிழல்களின் நகர்வையும் அடிப்படையாகக் கொண்டு தான் நேரம் கணக்கிடப்பட்டு வந்தது.

வரலாற்றுக்கு முந்தைய காலத்திலேயே சுமேரியர்கள் நேரத்தை அளவிட முயன்றதாகவும், இதில் முன்னோடிகளாக விளங்கியவர்கள் அவர்களே என்றும் கருதப்படுகிறது. சுமேரிய நாகரிகமே ஒரு ஆண்டை மாதங்களாகவும், மாதத்தை நாட்களாகவும், ஒரு நாளைப் பல கூறுகளாகவும் பிரித்தது என்று ஒரு கூற்று நிலவி வருகிறது.

காலப்போக்கில் அரேபியர்கள் தமது சொந்த முறைகளைக் கையாண்டு நேரத்தை அளப்பதற்கான முயற்சிகளை மேற்கொண்டனர். இவர்கள்

சூரியன் நகர்வதைப் பின்பற்றி 24 பெரிய கம்பங்களை வட்டப்பாதையில் நிறுவி, ஒளியும் நிழலும் அவற்றின் மீது விழுவதன் அடிப்படையில் எகிப்தியர்கள் நேரத்தை அளவிட்டனர்.

அதே வேளையில் கிரேக்க தேசத்தில் தண்ணீரைப் பயன்படுத்தி நேரத்தை அளவிடும் சோதனை முயற்சி மேற்கொள்ளப்பட்டது. இந்தச் சாதனத்தில், தண்ணீர் ஒவ்வொரு துளியாக ஒரு கல் பாத்திரத்தில் விழுமாறு அமைக்கப்பட்டது. திரட்டபட்ட தண்ணிரின் அளவை அடிப்-படையாகக் கொண்டு நேரம் அளவிடப்பட்டது.

இத்தகைய முறை கி.மு. 320-ல் வழக்கத்தில் இருந்து வந்தது. கிரேக்-கர்களும் ரோமானியர்களும் கி.மு.300-400 காலப் பகுதியில் இத்தண்-ணீர்க் கடிகாரத்தில் மாற்றங்களைப் புகுத்தி அதனை மேம்படுத்தினர்.

கி.பி.1510-ம் ஆண்டுப் பகுதியில் ஜெர்மனைச் சேர்ந்த சார்ந்த பூட்டு செய்யும் தொழிலாளியான பீட்டர் ஹென்கின் என்பவர், நேரத்தைக் காட்டும் நின்ற நிலையிலான கடிகாரம் ஒன்றை உருவாக்கினார்.

பின்னர் 1656-ம் ஆண்டு வாக்கில் டச்சு நாட்டுத் தொழில்நுட்ப வல்-லுநர் ஹியூஜன்ஸ் என்பவர் ஊசல் (pendulum) அசைவில் இயங்கும் கடிகாரம் ஒன்றை உருவாக்கி நேரத்தை அளவிடும் முயற்சியில் வெற்றி பெற்றார். இவர் ஒரு நாளை 24 மணிகளாகவும், ஒரு மணியை 60 நிமிடங்களாகவும், ஒரு நிமிடத்தை 60 நொடிகளாகவும் பாகுபாடு செய்-தார்

.

புதிய முறைகளைப் பயன்படுத்திக் கடிகாரத்தையும் மேம்படுத்தினார். இப்போதுள்ள கடிகாரங்களெல்லாம் இதன் முன்னேறிய வடிவங்களேயா-கும். துவக்கத்தில் இந்தக் கடிகாரத்தின் பகுதிகளெல்லாம் மரத்தில் செய்-யப்பட்டவைகளாகவே இருந்தன. பின்னாளில் இப்பகுதிகள் உலோகத்-தாலும், கண்ணாடியாலும் செய்யப்பட்டன.

கி.பி.1927-ல் கனடா நாட்டுத் தொலைத்தொடர்புத் துறையைச் சேர்ந்த

தொழில்நுட்ப வல்லுநர் வாரன் மோரிசன் என்பவரால் கண்ணாடியால் ஆன கடிகாரம் ஒன்று உருவாக்கப்பட்டது. இது மிகக் குறைந்த காலத்திலேயே பெரிய வரவேற்பைப் பெற்றது.

பத்தொன்பதாம் நூற்றாண்டின் துவக்கம்வரை, ஊசல்களைப் பயன்படுத்தி இயங்கும் கடிகாரங்களே பெரிதும் பயன்படுத்தப்பட்டு வந்தன. சமச்சீராக அசையும் ஊசல், கடிகாரத்தின் இரு முட்களை இயக்கிச் சரியான நேரத்தைக் காட்டுவதற்குப் பயன்பட்டது. இவ்வகைக் கடிகாரங்களை இன்றும் ஆங்காங்கே காணலாம். ஆனால் மின்சாரம் கண்டுபிடிக்கப்பட்ட பின்னர், ஊசல் கடிகாரங்கள் மாற்றமடைந்தன.

அலெக்சாண்டர் பெயின் என்பவர் 1840-ம் ஆண்டில் பாட்டரி (battery) என்னும் மின்கலத்தைப் பயன்படுத்தி இயங்கும் கடிகாரத்தைக் கண்டுபிடித்தார். பின்னர் பல அறிவியல் அறிஞர்கள் இவ்வகைக் கடிகாரத்தை மேம்படுத்தினர். பெரிய மின்கலங்களுக்குப் பதிலாகச் சின்னஞ்சிறு மின்கலங்கள் பயன்படுத்தப்பட்டன.

இந்துஸ்தான் மெஷின் டூல்ஸ் எனப்படும் எச்.எம்.டி. தொழிலகம் இந்தியாவின் பழைய கடிகாரத் தொழிற்சாலைகளுள் ஒன்றாகும். இத்தொழிலகம் கடிகாரங்களைத் தயாரிப்பதற்கு முன்பு பெரும்பாலும் இறக்குமதி செய்யப்பட்ட கடிகாரங்களே நம் நாட்டில் பயன்படுத்தப் பட்டன.

தற்போது இந்தியாவில் டைட்டான், டைமெக்ஸ், சிட்டிசன் போன்ற பல கம்பெனிகள் கடிகாரத் தயாரிப்பில் ஈடுபட்டு உலகத் தரத்திற்குக் கடிகாரங்களைத் தயாரித்து விற்பனை செய்து வருகின்றன.

இப்படி படிப்படியான வளர்ச்சிக்களுக்கு பின் கடிகாரம் முழு வடிவத்தை பெற்று விட்டாலும், அதன் உருவாக்கத்திலும் வளர்ச்சியிலும் இன்று வரையில் மாற்றங்கள் நிகழ்ந்து வருவது அதன் மீது நமக்கு இருக்கும் அபரிவிதமான மோகத்தை காட்டுகிறது.

டிஜிட்டல் கடிகாரங்கள் தோன்றி நேரம் பார்ப்பதை எளிதாக்கி, தற்போது lcd திரையை பயன்படுத்தும் அளவிற்கு இது வளர்ச்சி கண்டுள்ளது. கை கடிகாரங்களாக ஒரு பக்கம் தன் அளவை சுருக்கி கொள்ளும் இக்கடிகார கண்டுபிடிப்புகள், மணி கூண்டுகளாக தன் உருவ அளவை பெரிதாக்கும் கண்டுபிடிப்புகளிலும் முதன்மை பெறுவது தனி சிறப்பு.

ஒவ்வொரு மணி குண்டிற்கும் ஒவ்வொரு கதை நிச்சயம் இருக்கும் அல்லது சுவாரசியமான தகவல்கள் சில அடங்கி இருக்கும். உலகின் மூன்றாவது மிகப்பெரிய மணிக்கூண்டு கோபுரம் லண்டனின் வெஸ்ட்மின்ஸ்டர் அரண்மனையில் வடக்கு முனையில் அமைத்துள்ளது. நான்கு-பக்கங்கள் கொண்ட மணிக்கூண்டுகளில் இதுவே உலகின் மிகப் பெரியது.

இங்கிலாந்தின் பிரபல குத்துச் சண்டை வீரரான பென் கான்ட் என்பவரின் புனைப் பெயரான பிக் பென் என்ற பெயரை இந்த மணிக்குண்டுக்கு வைத்துள்ளனர். இம்மணிக்கூண்டு 1858 ஆம் ஆண்டு ஏப்ரல் 10 ஆம் நாள் கட்டி முடிக்கப்பட்டது. இங்கிலாந்தின் பிபிசி செய்தி நிறுவனத்தில் ஒலி, ஒளிபரப்பாகும் அனைத்து நிகழ்ச்சிகளுக்கும் சரியான கால அளவு 'பிக் பென்'னின் மணியோசைதான்.

இரண்டாம் உலகப் போரின் போது, இதைக் குண்டு வீசித் தகர்க்க, ஜெர்மனி எவ்வளவோ முயன்றும், அது பலிக்கவில்லை என்பது வரலாற்று உண்மை. பல நகரங்களுக்கு நினைவு சின்னங்களாக மாறிப்போனது இந்த மணிக்கூண்டுகள் கடிகாரங்கள்.

உலகின் மிகப்பெரிய கடிகாரம் முஸ்லிம் களின் புனித தளமான மக்காவில், மக்கா அரசு கோபுரம் என்று பெயரிடப்பட்டுள்ள அந்த கோபுரத்தின் உச்சியில் ஆறு கோபுர கடிகாரங்கள் பொறுத்தப்பட்டிருக்கிறது.

ஜெர்மனியில் தயாராகிய இக்கடிகாரம் 45 மீட்டர் அகலமும், 43 மீட்டர் உயரமும் கொண்டதாகி இருக்கிறது. இந்த கடிகாரங்களை இரவில் 17 கி.மீ தூரம் வரையிலும், பகலில் 12 முதல் 13 கி.மீ தூரம் வரையில் பார்க்க முடியும். இதில் சிறப்பாக அமைக்கப்பட்டிருக்கும் ஒளி அமைப்புகளால் பகலில் வெள்ளை நிறத்திலும், முற்கள் கருப்பு நிறத்திலும் இருக்கும்.

இரவில் பச்சை நிறத்திலும், முற்கள் கருப்பு நிறமாகவும் மாறி விடும். இந்த மணிக்குண்டில் இருக்கும் கட்டுப்பாட்டு அறை நாச ஆய்வாளர்களுடன், செயற்கை கொளுடனும் நேரடியாக தொடர்பில் இருக்கும். உலகின் 25 இடங்களுக்கு இந்த கட்டுபாட்டு அறையில் இருந்து நேரம் குறித்த ஆலோசனைகள் வழங்கப்படுகின்றன.

கடிகாரத்தின் சிறப்புகள் குறித்து பேசும் போது காந்தியின் கடிகாரத்தை குறிப்பிடாமல் இருக்க முடியாது. அண்ணல் காந்தி அடிகள் காலத்தில் கடிகாரம் கட்டிக் கொள்வது சராசரி இந்தியர்களின் இயல்பிலை. லண்டனில் படிக்க சென்றவர் காந்தி என்பதால் அவரது சகோதரர் இங்கர்சால் கம்பெனியின் பாக்கெட் வாட்ச் ஒன்றினை காந்திக்கு வாங்கி தந்திருக்கிறார்.

பாக்கெட் வாட்ச்சுகளை உருவாக்கியவர்கள் ஜெர்மனியர்கள். தங்க மூலாம் பூசப்பட்ட பைக் கடிகாரங்கள் பிரபுக்களின் தனித்துவ அடையாளமாக கருதப்பட்டது. அதன்பிறகு ஸ்விட்சர்லாந்தில் பாக்கெட் கடிகாரங்கள் தயாரிப்பது அதிகமானது. ஆனால் அதன் விலை மிக அதிகம்.

1881 ல் பொதுமக்கள் பயன்படுத்தும் வகையில் பாக்கெட் கடிகாரங்களை தயாரிக்க Robert H. Ingersoll என்பவரது அமெரிக்க நிறுவனம் முன்வந்தது. குறிப்பாக ரயில்வே தண்டாவளங்களை அமைக்கும் தொழிலாளர்களையும் அடித்தட்டு மக்களையும் மனதில் கொண்டு இங்கர்சால்

உருவாக்கிய பாக்கெட் கடிகாரங்கள் விலை மலிவானவை. ஒரு டாலர் விலை. ஒரு லட்சம் கடிகாரங்களை விற்று அந்த நிறுவனம் உலகெங்கும் பிரபலமாகியது.

1908ல் அந்த நிறுவனம் லண்டனில் தன் விற்பனையை துவக்கியது. அங்கு அதன் விலை எட்டு ஷில்லிங். காந்தி பயன்படுத்திய பாக்கெட் கடிகாரம் அத்தகையதே. இந்தக் கடிகாரத்தில் நொடி முள் கிடையாது.

காந்திகடிகாரத்தை ஒரு நூலால் இணைத்து தன் இடுப்பில் சேர்த்து கட்டிக் கொள்ளும்பழக்கம் கொண்டிருந்திருக்கிறார். பலநேரங்களில் அவரது வேஷ்டி மடிப்பினுள்கடிகாரம் மறைந்து கிடந்திருக்கிறது.

லண்டனில் அவரோடு இணைந்திருந்த கடிகாரம் இறுதி நிமிசம் வரை கூடவே பயணம் செய்திருக்கிறது. இடையில் ஒரு முறை அந்த கடிகாரத்தை ரயிலில் வரும்போது யாரோ திருடி விட்டார்கள். காந்தி அதற்கு அடைந்த துயரம் அளவிட முடியாதது. ஆனால் திருடியவன் சில நாட்களில் அவனே தேடி வந்து காந்தியின் கடிகாரத்தை திரும்ப ஒப்படைத்துவிட்டான்.

கோட்சேதுப்பாக்கியை இயக்க, கூக்குரல் விண்ணை கிழிக்க காந்தியின் உடல் சரியும்முன் கடிகாரம் சரிந்தது. அப்போது மணி 5.17. அதன் பிறகு அந்த கடிகாரம்ஓடவேயில்லை. லண்டனில் தனித்திருந்த நாட்களில் துவங்கி இறுதி நிமிசம் வரைஅவரோடு இருந்த கடிகாரம் இன்று வெறும்காட்சிப்பொருளாக உள்ளது. ஆனால் ஓடாதஅந்த கடிகாரத்தில் இந்தியாவின் சரித்திரம் புதையுண்டு உள்ளது.

சுமார் 1583 ஆம்

ஆண்டில் **ஊசலின்ஐசோக்ரோனிசத்தை கண்டுபிடித்தவர்**கலிலியோ தான், ஆனால் ஹியூஜன்ஸ் தான் இதை **கடிகாரத்தில்**பயன்படுத்தினார் மற்றும் துல்லியமான **ஊசல் கடிகாரத்தை**நிறைவு செய்தார். ஹ்யூஜென்ஸ் 1667 இல் காப்புரிமையைப் பெற்றார், மேலும் 1673 இல் அவர் ஒரு

"**ஊசல் கடிகாரத்தை**" வெளியிட்டார்.

சுமார் 1583 ஆம்

ஆண்டில் **ஊசலின்**ஐசோக்ரோனிசத்தை **கண்டு**பிடித்தவர்கலிலியோ தான், ஆனால் ஹியூஜன்ஸ் தான் இதை **கடிகாரத்தில்**பயன்படுத்தினார் மற்றும் துல்லியமான **ஊசல் கடிகாரத்தை**நிறைவு செய்தார். ஹ்யூஜென்ஸ் 1667 இல் காப்புரிமையைப் பெற்றார், மேலும் 1673 இல் அவர் ஒரு "**ஊசல் கடிகாரத்தை**" வெளியிட்டார்.

சுமார் 1583 ஆம்

ஆண்டில் **ஊசலின்**ஐசோக்ரோனிசத்தை **கண்டு**பிடித்தவர்கலிலியோ தான், ஆனால் ஹியூஜன்ஸ் தான் இதை **கடிகாரத்தில்**பயன்படுத்தினார்

மற்றும் துல்லியமான **ஊசல் கடிகாரத்தை**நிறைவு செய்தார். ஹ்யூ-ஜென்ஸ் 1667 இல் காப்புரிமையைப் பெற்றார், மேலும் 1673 இல் அவர் ஒரு "**ஊசல் கடிகாரத்தை**" வெளியிட்டார்.

சுமார்1583ஆம் கண்டுபிடித்தவர்கலிலியோ தான், ஆனால் ஹியூ-ஜன்ஸ் தான் இதைகடிகாரத்தில்பயன்படுத்தினார் மற்றும் துல்லிய-மானஊசல் கடிகாரத்தைநிறைவு செய்தார். ஹ்யூஜென்ஸ் 1667 இல் காப்புரிமையைப் பெற்றார், மேலும் 1673 இல் அவர் ஒரு "ஊசல் கடி-காரத்தை" வெளியிட்டார்.

கடிகாரம் உருவான வரலாறு

சுமார் 1583 ஆம்

ஆண்டில்ஊசலின்ஐசோக்ரோனிசத்தைகண்டுபிடித்தவர்கலிலியோ-தான், ஆனால் ஹியூஜன்ஸ் தான் இதைகடிகாரத்தில்பயன்படுத்தினார்

மற்றும் துல்லியமானஊசல் கடிகாரத்தைநிறைவு செய்தார். ஹ்யூ-ஜென்ஸ் 1667 இல் காப்புரிமையைப் பெற்றார், மேலும் 1673 இல் அவர் ஒரு "ஊசல் கடிகாரத்தை" வெளியிட்டார்.

சுமார்1583ஆம் கண்டுபிடித்தவர்கலிலியோ தான், ஆனால் ஹியூ-ஜன்ஸ் தான் இதைகடிகாரத்தில்பயன்படுத்தினார் மற்றும் துல்லிய-மானஊசல் கடிகாரத்தைநிறைவு செய்தார். ஹ்யூஜென்ஸ் 1667 இல் காப்புரிமையைப் பெற்றார், மேலும் 1673 இல் அவர் ஒரு "ஊசல் கடி-காரத்தை" வெளியிட்டார்.

காந்திகடிகாரத்தை ஒரு நூலால் இணைத்து தன் இடுப்பில் சேர்த்து கட்டிக் கொள்ளும்பழக்கம் கொண்டிருந்திருக்கிறார். பலநேரங்களில் அவரது வேஷ்டி மடிப்பினுள்கடிகாரம் மறைந்து கிடந்திருக்கிறது.

நான்

வாசகர்ளால் நான்
வாசகர்களுக்காக நான்

முற்போக்கு எழுத்தாளர் வி.எஸ்.ரோமா - கோயம்புத்தூர்
+91 82480 94200

20 புத்தகங்கள் எழுதியுள்ளேன்
விருதுகள் பல பெற்றுள்ளேன்.
கதை , கவிதை, கட்டுரை, நாவல் பொன்மொழி, நாடகம் எழுதுவேன்.

என்
எழுத்து
என் மூச்சுள்ள வரை
என் வாசிப்பே
என் சுவாசிப்பு

என்றும்
எழுதிக் கொண்டிருக்க வே
என் ஆசை

நான் திருமணமே செய்து கொள்ளாத பெண்மணி என்பதில் எனக்கு மகிழ்வே.

என் எழுத்துக்கு முழு ஒத்துழைப்பு கொடுப்பவர்கள் என் பெற்றோர்களே.

தந்தை
கா சுப்ரமணியன் _ தாசில்தார் - ஓய்வு

தாய்.
சு. கிருஷ்ணவேணி

என் பெற்றோர்களே
என்
எழுத்துக்கும்
எனக்கும் முழு ஒத்துழைப்பு தருகின்றவர்கள் என்பதில் எனக்கு மகிழ்ச்சியே.

நான் ரோமா ரேடியோ
என்ற பெயரில் எஃப் எம் ஆரம்பித்துள்ளேன்.

என்
எழுத்து
என் ரோமா வானொலி மூலம்
எங்கும் ஒலிக்க
எட்டு திக்கும் ஒலிக்க
என் ஆவல்.

பெண்களை

பெரிதாக நினைத்துப்
பெரும் மகிழ்ச்சியடைந்து
பெருமைப் படுத்த வேண்டும்.

முற்போக்கு எழுத்தாளர்
வி.எஸ். ரோமா
Roma Radio
கோயம்புத்தூர்
+91 82480 94200

www.ingramcontent.com/pod-product-compliance
Lightning Source LLC
Chambersburg PA
CBHW021002180526
45163CB00006B/2468